AF224566

# LA CONQUÊTE

## DU DÉSERT

### BISKRA — TOUGOURT
### L'OUED RIR'

(AVEC ILLUSTRATIONS DANS LE TEXTE)

## PAR M. GEORGES ROLLAND

INGÉNIEUR AU CORPS DES MINES

Lauréat de la Société Géographique commerciale
et de la Société d'encouragement pour l'Industrie nationale

## PARIS

### CHALLAMEL ET C^{IE}, ÉDITEURS

LIBRAIRIE COLONIALE

5, RUE JACOB, ET RUE FURSTENBERG, 2

1889

# LA
# CONQUÊTE
## DU DÉSERT

Puits Rolland (3,800 litres), à Sidi-Yahia (*Société de Batna et du Sud Algérien*).

Cette vue et la plupart des suivantes sont tirées de photographies de M. le sous-lieutenant Clottu.

# LA

# CONQUÊTE

## DU DÉSERT

## BISKRA — TOUGOURT
## L'OUED RIR'

(AVEC ILLUSTRATIONS DANS LE TEXTE)

## PAR M. GEORGES ROLLAND

INGÉNIEUR AU CORPS DES MINES

Lauréat de la Société de Géographie commerciale
et de la Société d'Encouragement pour l'Industrie nationale

—♦—

# PARIS

## CHALLAMEL ET C<sup>IE</sup>, ÉDITEURS

LIBRAIRIE COLONIALE

5, RUE JACOB, ET RUE FURSTENBERG, 2

1889

# LA CONQUÈTE

## DU DÉSERT

### BISKRA — TOUGOURT
### L'OUED RIR'

———

## I.

### PARIS — BISKRA.

Biskra, Tougourt, le désert, le Sahara et ses oasis, que tout cela semblait encore lointain, il y a quelques années! Aujourd'hui, aller faire un tour au Sahara n'est plus qu'un simple voyage d'agrément.

Biskra? mais le chemin de fer y arrive depuis six mois!

Le désert? mais il n'est plus qu'à trois jours du boulevard des Italiens!

Vous quittez Paris le soir par le rapide de Marseille; vous vous embarquez le lendemain pour Philippeville, où vous débarquez le surlendemain dans la nuit. Le troisième jour, vous pouvez aller tranquillement en chemin de fer de Philippeville à Constantine et de Constantine à Biskra : vous traversez le Tell, les hauts plateaux, les montagnes du sud de l'Atlas, et, le soir même, vous vous trouvez transporté de la mer au désert.

De nombreux touristes étaient attirés déjà, chaque année, vers le sud de la province de Constantine par la renommée des gorges d'El Kantara, — cette porte du royaume des palmiers, au coup de théâtre magique, — et par le désir de voir Biskra, la riante oasis, et de contempler le désert infini. Aujourd'hui, avec les facilités d'accès, on peut prédire que Biskra va devenir une station d'hiver de plus en plus fréquentée par les santés délicates, à la recherche d'un climat chaud et d'un air pur. Biskra a même l'ambition de passer au rang de ville d'eaux; car elle possède une source thermale sulfureuse, dont les vertus curatives sont réputées chez les indigènes : nous y verrons bientôt le casino du Sahara! avec danses d'Ouled Naïl choisies, et divertissement variés.

Mais bientôt, sans doute, Biskra semblera banale aux amateurs de nouveauté. Les touristes qui ont quelque prétention voudront aller plus loin, avoir les impressions d'un voyage en plein Sahara, voir le vrai désert, les chotts, visiter la région de l'Oued Rir', ses oasis et ses puits artésiens, pousser jusqu'à Tougourt, sa capitale, — une cité saharienne, — et revenir par le Souf et ses grandes dunes de sable (1).

L'Oued Rir' surtout ne manquera pas d'attirer ceux qui s'intéressent à l'avenir du Sud algérien.

On sait que cette région a été le théâtre, dans ces dernières années, d'entreprises de colonisation d'un genre entièrement nouveau. Des sondages artésiens ont fait jaillir l'eau où elle manquait, et permis d'irriguer et de mettre en valeur des terrains jusqu'alors réputés stériles : autour de ces nouvelles sources d'eau vives, le sol s'est couvert d'immenses plantations de palmiers-dattiers, et l'on a vu des colons français créer de toutes pièces de grandes oasis au milieu du désert.

Cette œuvre de création agricole au Sahara, à laquelle je puis dire que j'ai

(1) G. ROLLAND. — Les grandes Dunes de sable du Sahara (*La Nature*, 3 juin et 9 juillet 1882).

Une oasis au désert

pris une part active, et que j'ai cherché à faire connaître en France depuis quelque temps, a reçu déjà de nombreux témoignages de sympathie et d'encouragement (1), et récemment encore, au printemps dernier, un groupe important de membres de l'*Association française pour l'Avancement des Sciences*, — se trouvant en Algérie à l'occasion du Congrès d'Oran, — entreprenaient une excursion à laquelle je les avais conviés, dans l'Oued Rir', pour venir étudier sur place la *colonisation saharienne*.

A deux ou trois personnes, le voyage de l'Oued Rir' est devenu, dès aujourd'hui, chose facile, peut-être même trop facile pour ceux qui tiennent au pittoresque de l'imprévu. Les dames elles-mêmes

(1) Prix Caillé (médaille d'Afrique) de la Société de Géographie commerciale de Paris (1888), Médaille d'or de la Société d'Encouragement pour l'Industrie nationale (1888), etc.

peuvent tenter ce voyage, et j'en connais qui le font couramment.

Depuis peu, un service régulier de voitures fonctionne entre Biskra et Tougourt, et permet de franchir en trente heures la distance de 207 kilomètres qui sépare ces deux villes.

Dans quelques années, il y aura mieux, je l'espère, et c'est en chemin de fer que l'on ira jusqu'à Tougourt.

## II.

### DE BISKRA A TOUGOURT.

Ce que l'on décore du nom de *route de Biskra à Tougourt*, est une simple piste, frayée par les caravanes de chameaux, allant et venant de temps immémorial, puis par les voitures, que l'on s'est mis à y faire circuler sans autres préparatifs.

En quittant l'oasis de Biskra pour la direction du Sud, on chemine sur un sol limoneux, uniforme et plat, parsemé de broussailles. A droite et à gauche, on aperçoit à l'horizon quelques oasis, dont les sombres massifs de verdure se détachent sur la couleur fauve du désert : elles appartiennent à la région des Zibans, dont Biskra est la capitale. Derrière soi, on laisse les montagnes de l'Aurès, qui se dressent majestueusement au nord de la plaine saharienne, et qui, par certains éclairages, prennent des teintes roses ou violet tendre, d'un admirable effet.

On traverse ensuite une plaine verdoyante, que recouvrait, il y a vingt ans à peine, l'épaisse forêt de Saada, où vivaient, paraît-il, de nombreux sangliers. Aujourd'hui ce sont des pâturages, où viennent brouter les troupeaux de chameaux des nomades de la région ; çà et là on remarque de belles cultures de céréales. Chaque printemps, cette plaine est inondée par les crues fertilisantes de l'Oued Djeddi, grand cours d'eau qui prend sa source loin de là, vers l'Ouest, au delà de Laghouat (1).

_________

(1) G. ROLLAND. — Hydrographie et Orographie du Sahara algérien (*Bulletin de la Société de Géographie*, 2ᵉ trimestre de 1886).

On passe le lit de l'Oued, — passage assez difficile, où l'administration devrait bien se décider à faire un pont, — et l'on arrive au bordj de Saada, construction carrée et fortifiée, bâtie sur la rive opposée.

Dès lors, on continue sur un plateau ondulé, rocailleux et sablonneux, nu et recouvert seulement d'une végétation clairsemée, aux touffes rabougries, d'un vert grisâtre : c'est le type ordinaire des *steppes sahariens*. Route longue et monotone, égayée seulement par les caravanes bariolées de nomades qu'on rencontre de temps en temps. Tout autour, c'est la solitude, qu'aucun être vivant n'anime, sauf une troupe de gazelles effarées, fuyant à votre approche, comme le vent, ou un chacal, plus à plaindre qu'à redouter, dont on entend la voix triste, la nuit, aux alentours des camps. Parfois quelques oiseaux, des outardes,

des compagnies de khanga. Je ne parle pas des scorpions, ni des vipères cornues.

Enfin on arrive au bord méridional de ce plateau, et l'on s'aperçoit tout à coup qu'on se trouve à la crète d'une grande falaise, le Kef-el-Dohr, haute de 150 mètres environ, d'où l'œil découvre avec surprise et admiration, au pied même de la falaise, le spectacle inattendu et grandiose d'une nappe d'eau immense, dont les flots agités sont sillonnés au loin par toute une flotte de navires !

C'est la mer ! ou, du moins, l'illusion est complète, par un soleil chaud. Mais ce n'est qu'un mirage.....

Ce que, par un effet de mirage, comme en ont souvent décrit ceux qui ont voyagé au soleil des déserts, ce que l'on croit être la mer, c'est un chott, c'est le grand chott Melrir : ancien lac, aujourd'hui en partie desséché ; vaste cuvette,

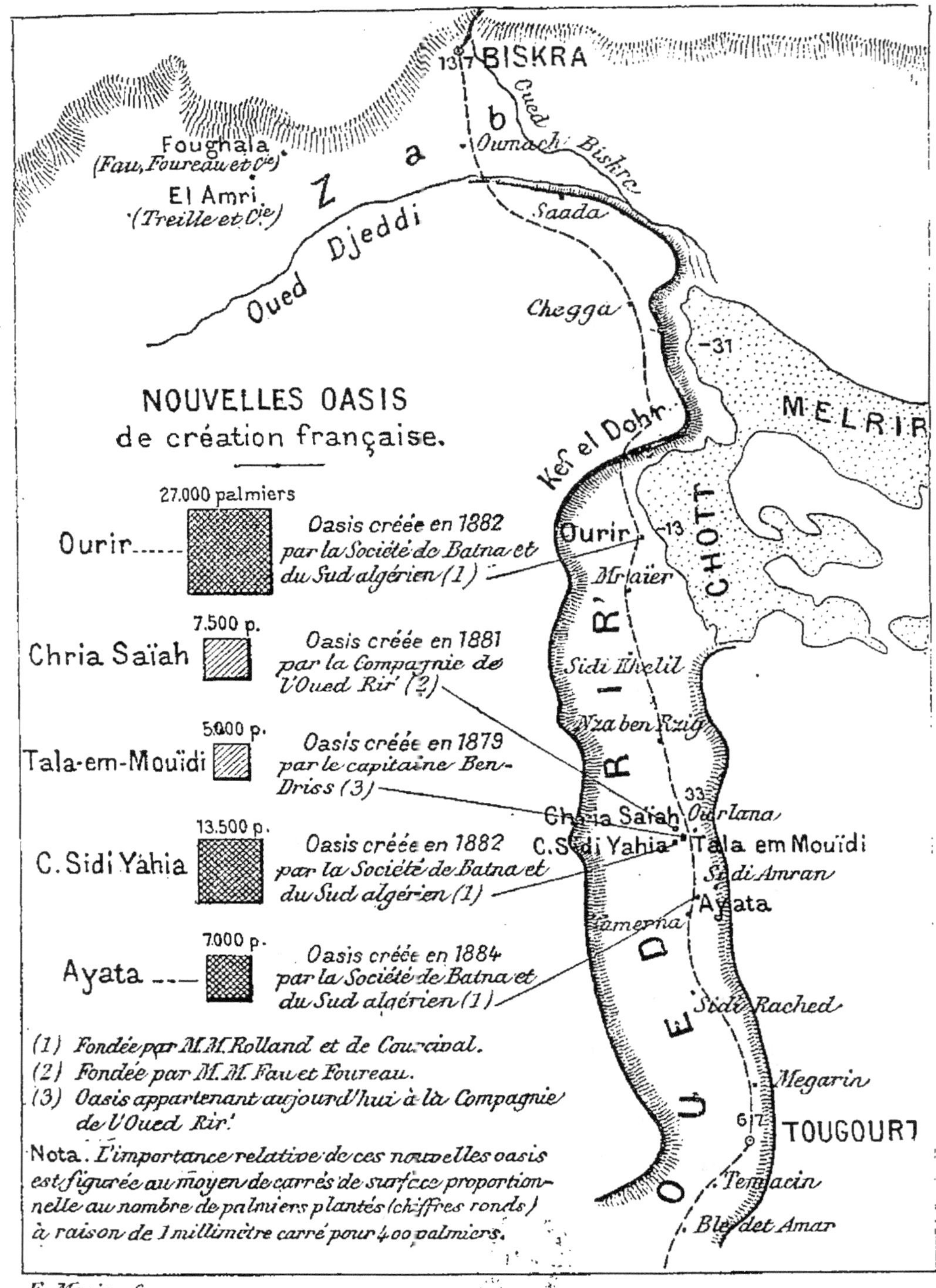


L'Oued Rir' et ses nouvelles oasis de création française.

dont les bas-fonds sont occupés par des eaux saumâtres.

C'est là que le colonel Roudaire voulait faire sa *mer intérieure*, dont il fut tant parlé il y a quelques années, et qui devaient transformer le climat du Sahara et de l'Algérie! On a là, en effet, un grand bassin qui est situé en contre-bas du niveau de la mer, et l'on pourrait y amener les eaux de la Méditerranée par un long canal partant de Gabès, à 350 kilomètres de là vers l'Est : mais au prix de quelles dépenses énormes! et combien les résultats de l'entreprise étaient, en réalité, problématiques! En fin de compte, ce projet retentissant de mer intérieure au Sahara, après avoir eu son heure de popularité, dut être abandonné: il a été remplacé par un programme tout différent, mais beaucoup plus pratique, — évidemment inspiré par l'exemple de ce que nous avions déjà fait dans l'Oued Rir', — et consistant à exécuter sur le littoral de Gabès des recherches d'eaux artésiennes et à fertiliser des terrains incultes au moyen de l'irrigation.

Cependant si, des crêtes du Kef-el-Dohr, où nous étions restés, on regarde attentivement au Sud, on aperçoit des taches noires dans le lointain : ce sont les *oasis de l'Oued Rir'*.

On descend rapidement la falaise escarpée; on longe la plage du chott, couverte d'efflorescences salines et semblable à un blanc manteau de neige sous un soleil de feu; bientôt on arrive à Ourir, la première oasis de l'Oued Rir', après avoir parcouru exactement 100 kilomètres à partir de Biskra. Dès l'arrivée, on peut contempler là une oasis de création européenne, dont les jeunes plantations se déroulent à la vue de part et d'autre de la route, et que dominent un bordj français et un nouveau village.

A partir d'Ourir, ce n'est plus le désert : sur un parcours de 130 kilomètres, on rencontre de distance en distance une série d'oasis et de villages, Mraïer, Sidi Khelil, Ourlana, Sidi Yahia, etc., et l'on ne perd pas les palmiers de vue jusqu'à la ville de Tougourt, qui est située non loin de l'extrémité méridionale de l'Oued Rir'.

Tougourt est la résidence de l'Agha indigène qui gouverne le pays sous les ordres du Commandant supérieur de Biskra. L'Agha actuel est Si Smaïl ben Massarli Ali, auquel je suis heureux, en passant, de rendre hommage : car c'est un homme de bien, un excellent administrateur et un serviteur dévoué de la France. Son hospitalité est proverbiale; j'ajouterai même que les touristes en abusent.

La ville de Tougourt a 4,500 habitants environ. Comme monuments, elle est médiocrement intéressante; notons cependant la Kasba de l'Agha, le Bureau arabe, belle construction qui fait honneur au capitaine Pujat, la Caserne des turcos, la Mosquée avec son minaret, l'École franco-arabe, où un instituteur français apprend aux enfants indigènes à parler notre langue.

Un télégraphe optique fonctionne régulièrement entre Biskra et Tougourt, avec trois stations intermédiaires.

Tougourt est surtout un centre commercial. C'est le plus grand marché de dattes du Sahara algérien ; Ouargla vient ensuite. Tougourt occupe une position remarquable dans le mouvement des échanges du Sud, et l'importance de cette place grandirait rapidement du jour où elle serait reliée à Biskra par un chemin de fer.

Au-delà de Tougourt, il faut citer encore son ancienne rivale, l'oasis de Temacin, qui possède un séminaire musulman, où réside le chef de l'ordre religieux des Tedjini, dont l'influence s'étend au loin dans le Sahara.

# III.

## LES OASIS DE L'OUED RIR'. — LE PALMIER, LA DATTE.

Les oasis de l'Oued Rir' sont, comme toutes les oasis sahariennes, en général, des forêts de *palmiers-dattiers*, abritant d'autres cultures sous leur ombrage.

On compte dans l'Oued Rir' plus de 660,000 palmiers et environ 100,000 autres arbres fruitiers (1).

Le palmier-dattier, c'est l'arbre nourricier du Sahara; sans lui, le Sahara serait partout désert, et, en échange, il lui faut, pour la maturité et la qualité de ses fruits, le climat du désert, une cha-

(1) H. Jus. — Les Oasis de l'Oued Rir', en 1856 et 1883. — (Challamel et Cⁱᵒ, éditeurs, 1884.)

Oasis et Bordj d'Ourir (*Société de Batna et du Sud-algérien*).

leur torride en été et une sécheresse extrême de l'atmosphère.

Il vient dans les sols les plus ingrats; mais ce qu'il exige avant tout, pour bien pousser et bien produire, c'est de l'eau, beaucoup d'eau, à son pied. Aussi toute oasis occupe-t-elle un emplacement dont le sol peut être irrigué d'une manière ou d'une autre.

« Les pieds dans l'eau et la tête dans le feu du ciel, » telles sont les conditions que le proverbe arabe assigne à la prospérité du palmier et à l'excellence de ses fruits.

Il y a des palmiers mâles et des palmiers femelles. Les palmiers femelles portent de grandes grappes de fruits appelés *régimes de dattes;* mais ces fruits ne sauraient se former et se développer si le pollen du mâle ne fécondait pas chaque régime femelle. Pour plus de sûreté, les indigènes font eux-mêmes la

fécondation à la main, vers le mois d'a-
vril : un palmier mâle, pacha sans égal,
suffit ainsi à 400 palmiers femelles environ.

On distingue au Sahara autant de variétés de palmiers et de dattes que, chez
nous, de variétés de poires ou de pom-
mes. La datte fine et transparente, appe-
lée *deglet nour*, est une variété hors pair,
dont le prix est notablement plus élevé
que pour les autres.

Cette variété fine est, d'ailleurs, relati-
vement rare au Sahara, et, de plus, sa
qualité varie beaucoup d'une région à
l'autre, suivant les conditions naturelles
de climat, de sol, d'irrigation. Tout
comme nos vins de France, les dattes
d'Afrique ont leurs crus, plus réputés les
uns que les autres, et de même qu'il n'y
a au monde aucun vin qui égale les
Bordeaux, les Bourgogne, de même, pour
trouver des dattes vraiment fines, su-

crées et savoureuses, il faut aller au sud de la province de Constantine et de la Tunisie : le Souf et l'Oued Rir', en Algérie, le Djérid, en Tunisie, voilà les premiers crus de dattes.

Les autres variétés de dattes peuvent être divisées en deux grandes classes : les dattes *molles,* qu'on presse dans des peaux de bouc et qu'on voit vendre en pains dans les marchés arabes, et les dattes *sèches,* qui ne collent pas et dont le nomade en route met quelques poignées dans son burnous, pour la journée. Ces dattes communes sont, en général, consommées par les indigènes, trop pauvres, sauf dans les villes, pour s'offrir des dattes fines.

Le *couscous,* — autrement dit une farine tirée du blé et préparée d'une manière spéciale par les femmes, — et la *datte,* telles sont les deux bases principales de l'alimentation des indigènes, tant dans le

nord de l'Algérie que dans le sud : d'où
un mouvement forcé d'échanges entre
les céréales du Tell, d'une part, et les
dattes du Sahara, de l'autre.

Quant à la datte fine, elle est l'objet
d'exportations déjà importantes en Europe, où sa consommation tend à se développer, et où elle sera de plus en plus
appréciée, quand on connaîtra mieux ce
fruit délicat, arrivant directement du
pays d'origine, à l'état naturel et frais :
la vraie datte saharienne.

En somme, la datte est une denrée
comme une autre, qui a ses marchés et
qui trouve acheteur. Il n'est donc pas
plus ridicule de faire de la datte au Sahara que du blé en France ou du riz aux
Indes.

A chaque pays ses cultures. Autant
planter des palmiers au Sahara que de
la vigne sur le littoral de l'Algérie ou
dans le midi de la France. Les produits,

Récolte de dattes.

il est vrai, se font attendre plus long-
temps ; mais, en revanche, il y a moins
d'aléa ; le palmier n'a pas de phylloxéra, et
il vit plus de cent ans.

Le rapport du palmier est, d'ailleurs,
tout ce qu'il y a de plus inégal, suivant
les variétés qu'on cultive et les régions
dont il s'agit. Dans l'Oued Rir', nous
estimons qu'avec une proportion suffi-
sante de *deglet nour* et avec des soins
convenables, le palmier peut arriver à
rapporter jusqu'à mille francs par hec-
tare.

On voit que le Sahara n'est pas
toujours aussi improductif qu'un vain
peuple pense !

Singulier constraste, admirable anti-
thèse de la nature : les oasis sahariennes,
— ces trop rares parties du désert qui peuvent être irriguées, ces îlots si clair-semés
de verdure, où se concentrent le travail
et la vie des contrées les plus pauvres du

globe, — possèdent, grâce au palmier-
dattier, une force de production et des
éléments de richesse agricole, dont on
ne trouve guère l'équivalent, à surface
égale, que dans les territoires les plus
fertiles des pays les plus favorisés par la
nature et le climat!

## IV.

### LES PUITS ARTÉSIENS DE L'OUED RIR'.
### L'ŒUVRE DES SONDAGES.

Malgré la sécheresse de son climat et l'aridité de sa surface, le Sahara possède des lignes d'eaux superficielles et des nappes d'eaux souterraines et artésiennes.

Quelques régions privilégiées attirent surtout l'attention et présentent une extraordinaire abondance d'*eaux jaillissantes*, légèrement thermales.

On se figure difficilement les volumes d'eau qui émergent ainsi en plein Sahara, dans « le pays de la soif ».

Ce sont parfois de véritables rivières que l'on voit s'échapper en bouillonnant des entrailles du désert. Tantôt ce sont des *sources naturelles*, comme dans les

Zibans, en Algérie, comme dans le Djérid, en Tunisie; tantôt ce sont des *puits artésiens,* creusés par l'homme, comme dans l'Oued Rir', comme à Ouargla. Telle source des Zibans, l'Oued Mlili, ne donne pas moins de 42 mètres cubes d'eau par minute. Tel puits de l'Oued Rir' débite 6,000 litres par minute, tel autre 5,000, et les puits de 3,000 à 4,000 litres sont nombreux.

4,000 litres? c'est le débit du plus beau puits artésien de Paris, celui de Passy.

Et ces flots d'eau vive ne tarissent jamais, ne varient jamais, coulent jour et nuit, été comme hiver, et ne font jamais défaut à ces grandes oasis, au travers desquelles ils courent et répandent abondamment la végétation et la vie!

J'ai cru pouvoir comparer l'Oued Rir' à une sorte de *petite Égypte* avec un *Nil souterrain.*

C'est une large vallée, le long de laquelle

Puits Jus (6.000 litres), à Sidi Amran.

les oasis s'échelonnent comme les grains d'un chapelet. L'existence de ces oasis est liée à la présence d'un grand réservoir d'eaux artésiennes à haute pression, qui règne souterrainement à une profondeur de 70 à 75 mètres sous la surface, et que les indigènes, dans leur langage imagé, appellent la *rivière souterraine* de l'Oued Rir' (1).

Par place, les eaux sous pression se sont elles-mêmes frayé passage jusqu'au jour, donnant lieu à des sources naturelles, aux points d'émergence desquelles se trouvent des *lacs artésiens*, limpides et profonds, que l'on est tout étonné de rencontrer à la surface de ces espaces desséchés. Le lac de la Medjerdja, près de Tougourt, n'a pas moins de deux kilomètres de long.

(1) Pour plus amples renseignements sur le régime des eaux artésiennes de l'Oued Rir' et du Sahara en général, voir ma brochure sur *l'Oued Rir' et la Colonisation française au Sahara*. (Challamel et Cie, éditeurs.) — G. R.

Les eaux de ces lacs sont habitées par de nombreux petits poissons, et l'on peut, même au Sahara, s'adonner au plaisir de la pêche; on peut y déguster sur place des fritures de poissons du désert (1).

Nul doute que ce furent les sources naturelles de l'Oued Rir' qui révélèrent la possibilité de faire jaillir des eaux à la surface, en allant les chercher dans leurs retraites souterraines, et qui donnèrent à quelque indigène de génie l'idée de creuser des puits artésiens dans cette région. La chose doit remonter à une époque fort reculée, et, malgré leur nom, les puits artésiens furent assurément inaugurés en Afrique bien avant qu'on sût en forer chez nous, dans l'Artois.

Les puits indigènes sont naturellement creusés à la main. Leurs parois étant

(1) A noter le phénomène curieux d'animaux vivants, poissons, crabes, mollusques, rejetés par certains puits jaillissants de l'Oued Rir' (voir l'explication dans la même brochure). — G. R.

simplement boisées, ils s'éboulent et s'en-
sablent au bout d'un certain temps, et
leur durée est forcément limitée.

Au contraire, les puits français, forés
au moyen de l'outillage européen de sondage et tubés en fer, ont l'avantage non
seulement de donner des débits beaucoup
plus élevés que les puits indigènes, mais
encore d'avoir une durée, pour ainsi dire,
indéfinie, quand ils ont été exécutés dans
de bonnes conditions. Le fait est que la
plupart des puits français de l'Oued Rir',
dont certains datent aujourd'hui de plus de
trente ans, n'ont pas varié de débit depuis
leur exécution.

C'est en 1856 que l'œuvre des sondages
fut inaugurée dans l'Oued Rir' : deux ans
après la conquête du pays par les troupes
françaises.

L'Oued Rir' présentait à cette époque
un spectacle vraiment lamentable.

Ce pays, qui, avant nous, formait un

petit royaume, avec Tougourt pour capitale, sortait alors d'une longue série de guerres et de luttes intestines, et il était tombé, sous l'oppression tyrannique de la dynastie des Ben Djellab, dans un état de décadence complète.

La misère était générale. Les villages étaient en ruines. Les jardins dépérissaient faute d'eau, et, faute d'eau, certaines oasis avaient déjà disparu sous les sables, accumulés par les vents du désert.

Les puits indigènes tarissaient peu à peu, et, symptôme des plus graves, on désapprenait chaque jour à en creuser de nouveaux. L'ancienne corporation des hommes habiles et vénérés qui savaient, au péril de leur vie, creuser les puits jaillissants de l'Oued Rir' et y plonger jusqu'à des profondeurs de 60, 70 et 80 mètres, n'existait plus que de nom. « Nos enfants, disait alors un de ses principaux survivants, se ramollissent et craignent le danger. Si Dieu, le possesseur des miracles, ne vient pas à notre aide, dans dix ans, l'Oued Rir' sera abandonné et enseveli sous les sables. »

Mais le miracle fut fait, et la *sonde française* sauva l'Oued Rir', en lui rendant l'eau, c'est-à-dire la vie.

La colonne expéditionnaire était commandée par le général Desvaux, qui comprit la noble tâche qui s'offrait à la nation conquérante : frapper l'imagination des indigènes par la puissance de nos moyens d'action, et les forcer à bénir le nom de la France, venant leur apporter à la fois la justice et la prospérité !

L'Oued Rir' avait, d'ailleurs, été visité quelques années auparavant par l'ingénieur des mines Dubocq, qui avait montré quel parti les sondages permettraient de tirer de ce grand bassin d'eaux artésiennes.

Le 19 juin 1856, — date mémorable dans les annales du pays, — l'oasis de Tamerna Djedida voyait le succès éclatant du premier puits français, et l'ingénieur Jus, nouveau Moïse, faisait jaillir d'un dernier coup de sonde une gerbe d'eau magnifique aux yeux des indigènes stupéfaits. La *fontaine de la Paix,* tel fut le nom dont on baptisa cette nouvelle source d'eau vive, qui, en jaillissant, avait fait plus qu'une victoire de nos armes pour la pacification du Sud.

Depuis lors, les travaux de sondage de l'Oued Rir' ont été poursuivis avec persévérance par l'administration militaire, sous la direction aussi habile que dévouée de M. Jus, et, grâce aux bienfaits d'une irrigation de plus en plus abondante, il s'est opéré dans ce pays une véritable transformation : en trente ans, les oasis ont *quintuplé* de valeur, et, par suite du développement de leurs res-

Atelier militaire des sondages de l'Oued Rir'
(puits n° 3 de Tiguedidin).

sources agricoles, de l'amélioration du sort des indigènes et de la pacification complète de cette partie du Sud algérien, la population de l'Oued Rir' a plus que *doublé*.

Aujourd'hui, les puits artésiens de l'Oued Rir', qui se comptent par centaines, débitent, à eux tous, plus de 4 mètres cubes d'eau par seconde : soit 130 millions de mètres cubes par an. C'est là un débit vraiment énorme, quand on songe qu'il s'agit du Sahara : pour se le représenter, on peut se dire qu'il équivaut au dixième environ du débit de la Seine dans ses basses eaux, ou encore qu'il est comparable au débit de cours d'eau assez importants pour donner leurs noms à des départements, comme le Cher, l'Indre.

Rien de saisissant comme la rencontre inopinée d'un de ces beaux puits jaillissants de l'Oued Rir', au milieu des steppes encore vierges d'une plaine brûlante et grillée.

Derrière une enceinte protectrice, on entend le bruit d'une cascade, venant rompre le silence environnant. On s'approche : on croit apercevoir un dôme transparent de cristal qui scintille, et l'œil, comme fasciné, s'oublie dans la contemplation de cette masse d'eau limpide, faisant irruption par le tube métallique, à un ou deux mètres au-dessus du sol, et retombant autour de l'orifice dans une large cuve, d'où part un ruisseau rapide.

Après une chaude journée au soleil et à la poussière, se plonger dans la cuve d'un puits artésien, à l'ombre de grands palmiers, et prendre une douche sous la chute volumineuse de cette eau tiède et claire, c'est un délice que je signale à ceux qui feront le voyage de l'Oued Rir'.

## V.

### LES HABITANTS DE L'OUED RIR'.
### HISTOIRE D'UN AGHA.

Les habitants de l'Oued Rir' ou *Rouara* ont la peau noire et les cheveux crépus, et, à première vue, on croirait des nègres En réalité, les Rouara ont pour ancêtres des Berbères, c'est-à-dire des blancs; mais, pendant des siècles, ils ont pris des femmes noires dans les caravanes d'esclaves amenés du Soudan (1).

Ils sont généralement de caractère doux et d'une grande honnêteté. Musulmans comme leurs anciens conquérants, les Arabes, mais beaucoup moins fanatiques. Sédentaires et cultivateurs, leurs intérêts

(1) H. WEISGERBER. — L'Oued Rir' et ses habitants. (*Revue d'Ethnographie*, 1885.)

les rapprochent de nous et les éloignent des Arabes nomades.

La paix la plus absolue règne parmi ces populations laborieuses et intéressantes, qui savent de quels bienfaits elles sont redevables à la France, et dont la fidélité reconnaissante ne s'est pas démentie un seul jour depuis la conquête, même pendant les plus graves insurrections de l'Algérie.

En 1871, à la faveur de nos revers en Europe, et l'année même de la grande insurrection de Kabylie, l'aventurier Bou Choucha terrorisa la région de Ouargla, au sud de l'Oued Rir', et s'étant porté en force vers le nord, réussit à entrer par trahison à Tougourt, dont il massacra la garnison. Mais nos braves Rouara ne bougèrent pas, et bientôt arrivait de Biskra une colonne française, qui réoccupait, sans coup férir, Tougourt, puis Ouargla.

Le lieutenant de spahis indigène Mo-

Oasis et puits nº 2 de Tiguedidin.

hammed Ben Driss fut alors nommé Agha
de Ouargla, et nous aida par son énergie à
rétablir l'ordre dans le Sud. Puis il fut
envoyé à Tougourt, en qualité d'Agha
de l'Oued Rir' et du Souf.

Ben Driss est connu de beaucoup de
Parisiens; il est venu plusieurs fois en
France, et connaît lui-même à merveille
la capitale.

C'est un des types d'Arabes les mieux
francisés que nous ayons en Algérie; il
s'est fait naturaliser Français. Son histoire
est à noter : car, sans appartenir à une
grande famille indigène, simple fils d'un
Arabe de petite tente, — ce que nous ap-
pellerions chez nous une modeste bour-
geoisie, — il arriva, tant par sa valeur et
ses brillantes facultés que par un heureux
concours de circonstances, à s'élever jusqu'aux plus hautes situations qu'un indigène puisse atteindre dans le Sud-algérien, sous nos ordres.

Élève de l'école franco-arabe de Biskra, engagé dans les spahis, placé aux ateliers de sondages où il conquit ses premiers galons, promu officier, doté par l'Empereur lors de son voyage en Algérie, puis, au moment de la guerre, envoyé en France où il se distingua au siège de Paris et dans la campagne contre la Commune, ensuite Agha de Ouargla, capitaine et officier de la Légion d'honneur, et enfin, jeune encore, Agha de Tougourt et du Souf, avec son frère à l'Aghalik de Ouargla, quelle fortune !

Mais ces temps sont déjà loin ! A la suite d'incidents regrettables et diversement appréciés, Ben Driss dut donner sa démission d'Agha : il fut renvoyé à son régiment; aujourd'hui il est à la retraite. Ce n'est plus qu'un simple particulier, et la splendeur passée s'est évanouie.

Quoi qu'il en soit, il serait injuste de méconnaître les mesures intelligentes dont l'Agha Ben Driss marqua son administration dans le Sud. Mais ce qui, à mon sens, est surtout remarquable, c'est l'intuition très nette que cet Arabe, cet ancien nomade, eut de l'avenir de la *colonisation française* dans l'Oued Rir'.

Ben Driss est le premier qui ait créé une oasis nouvelle au milieu des steppes du désert, à Tala-em-Mouïdi, en 1879, et c'est à lui que doit rester l'honneur d'avoir ouvert la marche dans cette voie féconde.

## VI.

LA COLONISATION SAHARIENNE. — LES NOU-
VELLES OASIS DE CRÉATION FRANÇAISE DE
L'OUED 'RIR'.

Aussitôt l'exemple est suivi, et ce sont
des Français de France qui, venus dans
le pays, se mettent à faire de l'agriculture
au Sahara, soit dans les Zibans, soit dans
l'Oued Rir'.

Ici l'on achète de grandes oasis déjà
ne rapport, pour les exploiter. Là on fait
mieux, — on *crée de toutes pièces*, — on
fore des puits en dehors des oasis indigènes, on plante des oasis nouvelles où
auparavant il n'y avait rien, pas un arbre,
pas une goutte d'eau.

C'est la *conquête sur le désert*, dans
toute la force du terme. C'est la colonisa-

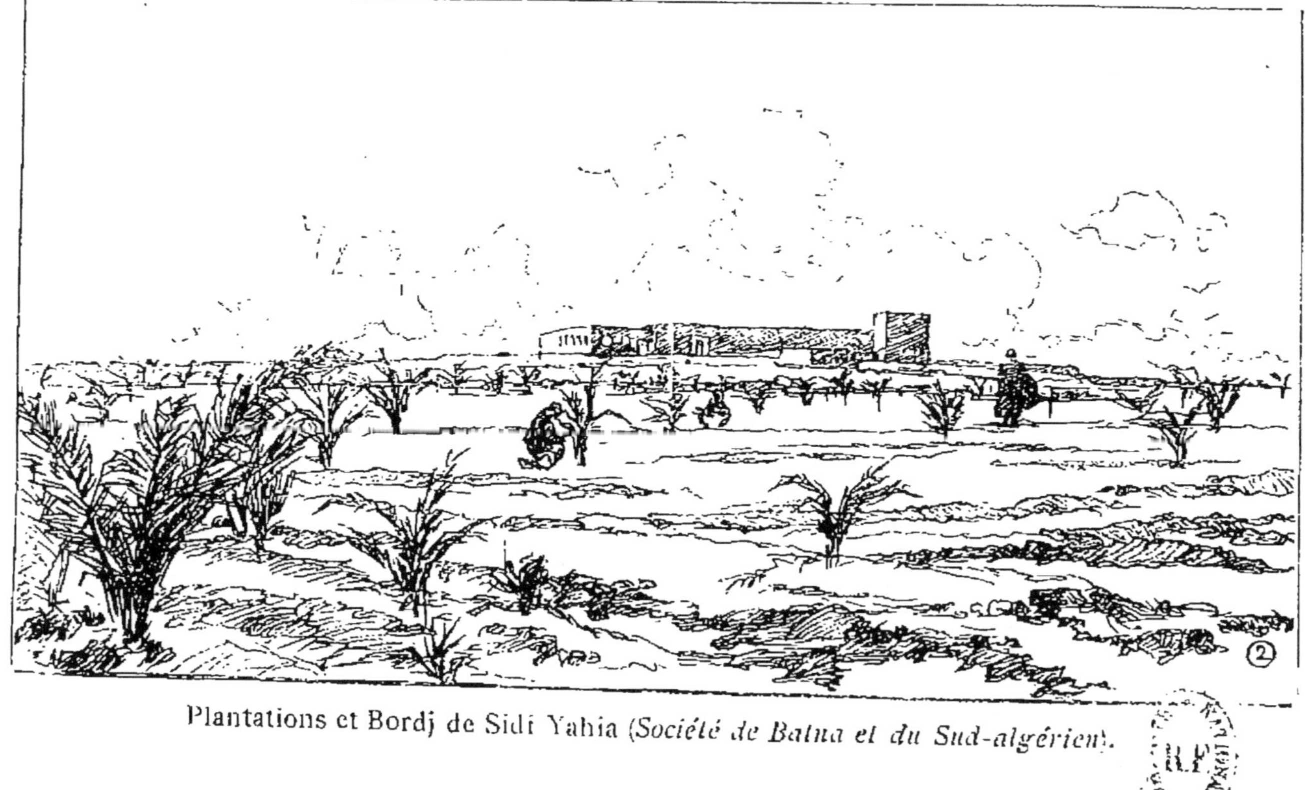

Plantations et Bordj de Sidi Yahia (*Société de Batna et du Sud-algérien*).

tion algérienne faisant un grand pas vers le Sud et abordant enfin ce Sahara mystérieux, dont l'entrée ne semblera plus interdite désormais aux entreprises européennes.

C'est aussi une réponse à ceux qui prétendent sans cesse que, nous autres Français, nous ne savons pas tirer parti de nos colonies et que nous sommes incapables, au loin, d'initiatives hardies. Voilà une œuvre de création agricole et de colonisation qui vient d'être accomplie par vos compatriotes, dans le pays le plus ingrat et dans les conditions les plus invraisemblables ! Et il s'agit d'une œuvre libre de toute attache officielle, ne comportant aucune concession de terrain par l'État, due exclusivement à l'initiative privée.

En moins de dix ans, 120,000 palmiers ont été acquis ou plantés par des colons français ; des centaines d'hectares, auparavant improductifs, ont été fertilisés par des

eapitaux français, et la totalité des plantations françaises de l'Oued Rir' dépasse
déjà 60,000 palmiers : ce qui représente
une valeur créée de plus de 3 millions de
francs (1).

A elle seule, la *Société de Batna et du
Sud-algérien,* que je fondais, en 1881,
avec M. le marquis de Courcival, a
planté, dans l'Oued Rir', le chiffre
énorme de 50,000 palmiers, et créé trois
grandes oasis, Ourir, Sidi Yahia, Ayata.
Nous avons foré huit puits jaillissants,
dont les débits réunis atteignent le volume
de 24 mètres cubes d'eau par minute;
défriché et mis en valeur plus de 400
hectares de steppes; creusé plus de 40 kilomètres de fossés de drainage, etc. Nous
avons construit des bordjs, des maisons
ouvrières, des magasins pour nos pro-

(1) G. ROLLAND. — L'Oued Rir' et la Colonisation
française au Sahara (Challamel et C^le, éditeurs, 1887)·
(Extrait de la *Revue scientifique.*)

duits, etc., et chacune de ces installations est assez spacieuse pour que nous ayons pu facilement y donner l'hospitalité à une vingtaine de personnes, lors du voyage de l'*Association française*.

Il faut avoir visité les lieux, les avoir connus déserts et stériles, et les retrouver aujourd'hui habités et verdoyants, avec de petits villages pleins d'animation, avec des plantations s'étendant à perte de vue, pour se rendre compte de la somme d'efforts et d'activité qu'a exigée une pareille transformation, accomplie en aussi peu de temps !

Sur place, nous avons des agents français à la tête de nos exploitations agricoles de l'Oued Rir'. Quoi qu'on en ait dit, nos compatriotes, surtout ceux qui sont acclimatés déjà en Algérie, peuvent résider dans le Sud, à condition d'observer une hygiène sévère et d'habiter en des points convenablement choisis. Mais combien les conditions sanitaires s'amélioreront le jour où le chemin de fer donnera un moyen de locomotion rapide, permettra de changer d'air, apportera un certain confortable, fera oublier l'isolement et viendra sans cesse renouveler l'atmosphère morale!

Pour ce qui est de nos travaux mêmes de plantation et d'exploitation, il va de soi qu'ils ont été et seront toujours exécutés par la main-d'œuvre indigène. Il serait impossible, en effet, à l'Européen de s'adonner au travail de la terre sous ce climat brûlant, et l'Oued Rir' ne pourra jamais devenir une *colonie de peuplement*, comme le littoral et le Tell, comme les hauts plateaux : au Sahara, on ne peut songer qu'à des *colonies d'exploitation,* où le rôle des Européens devra se borner à diriger et à surveiller la main-d'œuvre indigène.

Les entreprises françaises de colonisation saharienne n'en sont pas moins fort intéressantes, et l'œuvre qu'elles poursui-

Puits de Matharel (3,600 litres) à Ourir
(*Société de Batna et du Sud-algérien*).

vent est bonne à tous égards, bonne comme exemple donné aux capitaux français, bonne pour le développement des ressources du sol algérien et pour l'extension de l'influence française en Afrique, bonne aussi pour l'amélioration du sort des indigènes et pour leur accession graduelle aux idées de civilisation et de progrès.

Œuvre attachante! à la fois profitable à la métropole et bienfaisante pour les populations conquises, commencée par la sonde artésienne et continuée par la colonisation française.

On a pu dire que les Anglais, dans l'histoire de leurs vastes colonies, n'avaient aucune page à montrer qui fût comparable à l'œuvre ainsi accomplie par la France sur ce coin de terre africaine.

# VII.

## LE CHEMIN DE FER DE BISKRA-TOUGOURT-OUARGLA.

C'est au *chemin de fer* qu'il appartient maintenant de couronner l'œuvre.

Voici déjà que la locomotive s'avance jusqu'à Biskra et fait entendre son sifflement joyeux à l'entrée du Sahara constantinois. Mais elle ne saurait s'arrêter là, et la force des choses la poussera en avant! Il faudra qu'elle continue sa marche civilisatrice vers le Sud, jusqu'à Tougourt d'abord, puis jusqu'à Ouargla, terme nécessaire de cette ligne de pénétration qui s'impose au triple point de vue *stratégique, politique* et *colonial* (1).

(1) G. ROLLAND. — Le chemin de fer de Biskra-Tougourt-Ouargla ( Challamel et Cie, éditeurs, 1888). (Conférence à l'*Association française pour l'Avancement des Sciences.*)

Les chemins de fer de *pénétration* vers le Sud algérien, c'est-à-dire ceux qui, dans les trois provinces, se dirigent perpendiculairement au littoral et pénètrent ou doivent pénétrer dans l'intérieur, ont aujourd'hui des partisans de plus en plus nombreux, dont certains font autorité. M. Paul Leroy-Beaulieu déclare que nous ne devons pas hésiter à procéder résolument à la construction de ces chemins de fer, et il inscrit en première ligne, comme le plus important et comme le plus pressé, le chemin de fer de Biskra à Ouargla par l'Oued Rir'.

Il ne saurait être question là, bien entendu, que de chemins de fer construits très économiquement, — à voie étroite ou large, suivant la situation, mais, d'une manière comme de l'autre, à très bon marché, — de chemins de fer à exécuter sommairement et rapidement, comme les derniers chemins de fer russes de l'Asie centrale, et à exploiter ensuite aussi simplement que possible.

Comprise ainsi, la ligne de Biskra-Tougourt-Ouargla ne constituera nullement, malgré la garantie d'intérêt et l'insuffisance des recettes dans les débuts, une charge pour l'État : car cette ligne permettra de réaliser immédiatement des économies beaucoup plus considérables qu'on ne veut l'avouer, sur les transports militaires et sur les colonnes d'opération dans les régions de Ouargla, de Tougourt et du Souf.

Mais surtout la grande, l'énorme économie que les lignes de pénétration permettront de réaliser, c'est la suppression des insurrections dans l'avenir.

J'ajouterai qu'il ne s'agit pas seulement d'une question d'économie en temps de paix : faire disparaître le danger, réel actuellement, d'une insurrection en Algérie, dans le cas de guerre en Europe, et

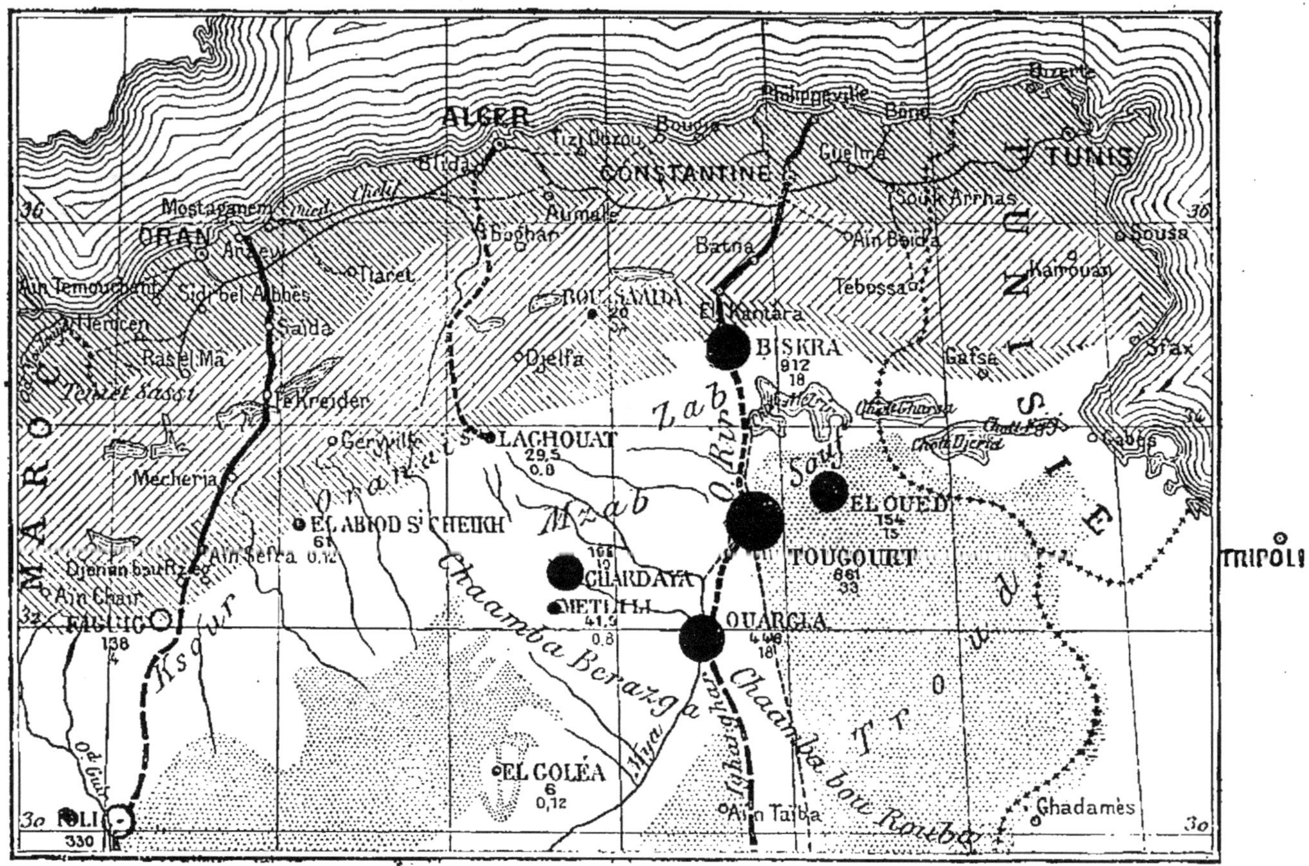

Carte de l'Algérie et du Sahara algérien.

Les chiffres forts indiquent des milliers de palmiers ; les chiffres fins, des millions de francs.

pouvoir réduire alors autant que possible l'effectif des troupes à immobiliser hors de France, n'est-ce pas pour nous une question *d'intérêt national?*

Or, l'histoire de l'Algérie est là pour nous prouver le rôle prédominant que l'*élément nomade*, — élément redoutable par son excessive mobilité, — a toujours joué dans les insurrections, et pour nous démontrer que, tant que nous n'aurons pas maîtrisé entièrement les nomades sahariens, nous ne pourrons dire que nous sommes certains de maintenir les tribus intermédiaires entre le Sahara et le Tell, ni les indigènes du Tell. Pour dominer les nomades, le vrai moyen, c'est de les prendre à revers, de se porter en arrière de leurs parcours et de mettre la main sur leurs centres de ravitaillement; pour cela, il faut non seulement établir des postes d'occupation suffisamment avancés, en des points convenablement choisis, mais encore il faut relier ces postes au littoral par des voies ferrées, permettant de transporter rapidement et sans fatigue nos troupes à l'endroit voulu, et leur donnant, pour ainsi dire, le don d'ubiquité.

Cela est aussi bien vrai dans l'Est que dans l'Ouest.

Dans l'Ouest, l'insurrection de Bou Amena démontra, il y a quelques années, la nécessité de prolonger la ligne d'Arzew-Saïda jusque dans le Sud oranais : ce qui est fait aujourd'hui.

Dans l'Est, la ligne de Biskra à Ouargla reste à faire, et, — en toute impartialité, — elle est plus urgente que la ligne centrale de pénétration d'Alger à Laghouat, ne fût-ce que parce que cette dernière sera encadrée par les deux lignes de pénétration latérales de l'Ouest et de l'Est.

En deux ans, on peut prolonger la voie ferrée jusqu'à Ouargla, et Ouargla est notre objectif clairement indiqué de ce

côté, tant à cause de sa position stratégique, sans rivale dans le Sud, que comme
centre de production de beaucoup le plus
important des Chaamba nomades.

Dût-elle n'avoir pas de trafic, que cette
ligne de Biskra-Tougourt-Ouargla devrait être faite. Mais loin de là, elle aura
la bonne fortune de traverser précisément
les principales régions d'oasis du Sahara
algérien, — les Zibans, l'Oued Rir' et Ouargla, — les plus importantes comme production actuelle ou future, les seules qui
soient colonisées ou colonisables; elle des-
servira, en outre, dans une certaine mesure, les oasis du Souf, à l'Est, et une partie de la région du Mzab, à l'Ouest.

Il existe, dès maintenant, un mouvement considérable d'échanges entre Biskra, Tougourt et Ouargla, ainsi que dans
les régions avoisinant cette ligne, et tout
ce mouvement commercial, — qui se fait
actuellement par chameau, — ira infailli-

blement au chemin de fer. La locomotive supplantera le chameau : cela est forcé.

Peut-on douter ensuite que le trafic de cette ligne ne soit appelé à augmenter ? et n'en est-il pas toujours ainsi quand le chemin de fer arrive dans un pays neuf et susceptible de développement, comme c'est le cas pour l'Oued Rir' et aussi pour la région de Ouargla?

Dans l'Oued Rir', le chemin de fer viendra décupler nos moyens d'action. Le bassin d'eaux artésiennes qui fait la richesse de cette belle région est loin d'avoir donné tout le débit dont il est capable, ni, comme le dit éloquemment M. Elisée Reclus, « la mesure de sa force productrice en végétation et, par conséquent, en vies humaines » Qu'on soumette les sondages à une surveillance devenue nécessaire dans l'intérêt de tous, qu'on dirige de préférence les recherches vers les parties vierges du bassin, qu'on fasse de nouvelles créations, ainsi que nous avons fait, et l'on pourra doubler, peut-être tripler le nombre des palmiers de l'Oued Rir'.

Enfin une autre considération milite en faveur de la ligne de Biskra-Ouargla : cette ligne serait la première section du *chemin de fer transsaharien*, destiné à relier l'Algérie au Soudan central, suivant le tracé qui a été exploré par Flatters et qui, selon moi, est le vrai tracé *français*, — passant par Amguid et aboutissant au lac Tchad, et non pas à Tombouctou.

Assurément le projet de Transsaharien a traversé une période de défaveur marquée, exagérée, à la suite du lamentable désastre qui mit fin à la mission Flatters : mais un revirement commence à se produire. Pour ma part, je ne suis pas de ceux qui décrètent, dans leur sagesse, que c'est là une conception irréalisable et antiéconomique : je crois, au contraire, que l'idée est grande et féconde, qu'elle sera reprise un jour et que le vingtième siècle verra le Transsaharien.

Quoi qu'il en advienne, on reconnaîtra, tout au moins, que, sans engager l'avenir, la France, — puissance africaine, — doit se mettre en mesure de prendre, à un moment donné, s'il y a lieu, la part qui lui revient dans la conquête économique du Soudan.

Or, pouvons-nous rester indifférent aux visées de l'Italie sur la Tripolitaine? Qu'on regarde la carte : ne devons-nous pas craindre, que les Italiens, une fois à Tripoli, ne lancent de là un Transsaharien rival vers le lac Tchad et ne réussissent à nous devancer au Soudan central? ce qui serait une véritable défaite pour nous, Français, installés en Algérie depuis bientôt soixante ans!

Eh bien! nous pouvons écarter ce danger, rien qu'en faisant le chemin de fer de Biskra-Tougourt-Ouargla, lequel se

Puits Lehaut (3,000 litres) à Ourlana.

recommande déjà par des raisons d'ordre purement *intérieur*.

Poussons la voie ferrée jusqu'à Ouargla! et nous aurons paré le coup de la conquête de Tripoli par les Italiens.

Georges ROLLAND.

Paris, 31 décembre 1888.

# TABLE DES MATIÈRES.